매일매일
패밀리데이!

생각해보면
우리 부모님은 내가 어렸을 때
즐거운 경험을
참 많이 하게 해주셨다.

베란다에 이불을 깔고
별을 보거나

방에 텐트를 치고
캠핑을 하거나

집 안에서
보물찾기를
하거나

한밤중에 여행을
떠난다거나…

성장하면서
서서히 잊었던 추억들을

부모가 되어
문득 떠올리게 되었다.

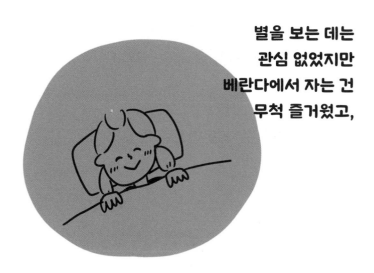

별을 보는 데는
관심 없었지만
베란다에서 자는 건
무척 즐거웠고,

어디로 갔었는지는
기억나지 않지만

한밤중에
두근거리는 마음으로
차에 올라탔다.

'아이들에게도
나와 같은 추억을 만들어주고 싶어.'

바로 이 생각으로
99가지 행복 미션을 만들었다.

EVERYDAY FAMILYDAY!

무피 지음
송소정 옮김

로그인

PART 2

집 밖에서
즐겨요

무피네 가족을
소개합니다

무피

즐거운 것을 좋아하지만
살짝 게으르고
쉽게 싫증을 낸다.

첫째(아들, 6세)

그림 그리기와
게임을 좋아한다.

둘째(딸, 4세)

외출하면 무조건 좋고
온천을 좋아한다.

아빠

먹는 것을 좋아한다.
가족이 하고
싶은 것에
잘 맞춰준다.

셋째이자 막내(아들, 1세)

이 책을 쓰던 중에
태어났기 때문에
있다가도 없고 없다가도 있다.

16

이렇게 활용해보아요

이 책은 처음부터 쭉 읽어도 되고 흥미 있는 부분만 골라 읽어도 된다. '오늘은 뭘 하지?'라는 고민이 들 때 휙 하고 펼쳐서 나온 페이지에 있는 미션을 무조건 실행하기로 한다. 99가지 미션의 절반은 집에서 할 수 있는 일, 나머지 절반은 집 밖에서 할 수 있는 일로 구성돼 있다. 가족이 함께하면 아무것도 아닌 하루가 즐겁고 잊을 수 없는 추억의 날이 된다.

PART 1

집에서 즐겨요

우리 집 피크닉

방에 작은 매트나 돗자리를 깐 뒤
그 위에서 점심을 먹어요!

실내 캠핑

집안이나 정원에
텐트를 치고 캠핑 기분을 즐겨보아요.

안에
이불을 깔고....

그대로 텐트 안에서
묵는다!!

파
지
직
파
지
직

찌르르
찌르르

야외용 의자까지
꺼내면
더 즐겁다 ☺

카레랑 볶음면

캠프파이어 소리와
벌레 소리는 자연의 BGM

핫플레이트 파티

핫플레이트로 다양한 음식을 만들어보아요!

타코야키

빈대떡

비빔밥

만두

크레이프

볶음면

내가 뒤집을 거야!

핫케이크

디저트 뷔페

각자 좋아하는 디저트를

평소보다 **많이** 만들거나

섞고 또 섞어서...

평소보다 **많이** 구매하여

나 이거 먹고 싶어!

먹고 싶은 만큼 먹자!

파르페나 크레이프로
파티를 해도 재밌겠다 ☺

바닐라 아이스크림

우리 집 호텔

집에 있는 물건을 활용해서
우리 집을 호텔로 만든다!

웰컴 음료와
쿠키를 준비하고

체크인하고

목욕탕에
칸막이를 쳐보기도 하고...

침대와 이불은 보송보송한 걸로...

보고 싶었던 영화

주변 관광 안내도

카드 게임과
보드 게임

와~

우리 집에 비밀기지가?

쉿, 아무도 모르게 비밀기지를 만들어보아요!

• 라이트
• 방석
• 그림책

등을 가지고 들어가자!

신문지로 텐트를 만들거나

벽장에 비밀의 방을...

테이블 아래
비밀기지에서
점심을 먹거나...

비밀기지 안에서
잠을 자보자!

추억의 놀이

자, 대결 시작

펜 뒷부분을 눌렀다가
튕겨서 상대방의 자 위에
올리거나 상대의 자를
떨어뜨리면 이기는 놀이

에잇!

지우개 떨어뜨리기

와우~
떨어졌다!

손가락으로 지우개를 튕겨서
상대방 지우개에 맞히는 놀이로
떨어진 쪽이 진다.

배틀 연필

연필을 굴려서
나온 지시에 따라
공격하거나 방어하는 놀이

★이
나오면
30점 감점

28

날아라, 종이비행기

종이비행기를 접어 누가 누가
가장 멀리 날리는지 대결할까?

방 투어 브이로그

MISSION 12

신나게 댄스 댄스

즐거운 음악에 맞춰
신나게 몸을 흔들어보아요!

편집 어플을 이용해
뮤직비디오를 만들어도
굿~

신나 신나 오늘은 아주 신나

00:32

아이는 물론
엄마 아빠도
함께 흔들어요~

이렇게 가족 모두의 바람을 담아 가장 적합한 여행지를 고르고 계획을 세우지요.

휴일 계획 짜기

나도 모르게 게을러지는 주말을 의미 있게 보내고 싶은 날에 딱! ☆

< 시간표 >

7:00 아침 식사
7:30 체조
8:00 아침 독서
10:00 산책
12:00 점심 식사
13:00 다 같이 게임
15:00 간식 먹기
16:00 그림 그리기

잘 보이는 곳에 붙인다.

나는 게임하고 싶어!

나는 산책!

계획표를 짜기 전날
각자가 원하는 것을
먼저 들은 뒤
그것을 포함하면 더 좋아요.

우리 집은요~

국수 뽑는 날

① 물, 소금, 밀가루를 볼에 넣어 잘 섞는다.

② 귓불 정도로 말랑해질 때까지 잘 반죽한다.

봉지에 넣어
타월로 감싸
밟아도 된다.

③ 30분~1시간 정도 두었다가 밀대로 펴서 일정한 두께로 자른다.

④ 냄비에 물을 넣고 삶아 차가운 물에 헹군다.

⑤ 각자의 입맛에 맞는 소스를 뿌려 맛있게 먹는다.

어때?

조금 딱딱해.

난 괜찮은데...

좀 더 연습을
해야겠네!

베란다 채소 가꾸기

화분을 준비하여 베란다를 미니 화단으로 만들어보아요!

하하~ 재밌게 생겼네.

우리 집에서는 오이와 가지, 애호박을 키워요!

우와~ 오이다!

모양이 고르지 않고 덜 예뻐서 채소 가게에서는 팔지 않을 듯한 신기한 모양의 채소를 수확할 수 있어요.

직접 키운 채소라 그런지 평소보다 많이 먹어요 ☺

공간이 없다고요? 그렇다면 완두를 추천합니다.

← 용기에 넣어 물만 주면 쑥쑥 자라거든요 ✧

노래가 좋아, 합창단원

파트별로 나누어 연습한 뒤
화음에 맞춰 노래를 불러보아요!!

피아노를 칠 수 있는 사람이 있으면
반주도 해보아요!!

테너 또는
베이스

알토

아이들을
중심으로

조금씩 난이도를 높여 마지막에 4부 합창을 할 수 있다면 가장 좋아요.

다 같이 게임 클리어

최신 게임이나
게임기가 아니어도 상관없어요.
가족이 좋아하는 게임이면 다 좋아요.

밥 친구들, 모여라

맛있는 반찬을 준비하여 밥을 더 맛있게 먹어보아요!

냉동식품 비교하기

여러 가지 냉동식품을 먹어 보고
맛을 비교해보아요! ☺

MISSION 21
달콤한 과자 집

오늘은 다 같이 과자 집을 만들어보아요~

빨리
먹고
싶다~

쿠키와
스펀지케이크

빼빼로

마블 초코

초코송이

생크림

비스킷

아이싱쿠키를
만들어보거나

재료가 들어 있는
키트를 구입해
사용하면 간단하게
만들 수 있어요.

언덕의 집 만들기
키트

초콜릿과 생크림을 이용해
과자를 붙여볼까?

40

최애 간식 뽐내기

내가 가장 좋아하는 과자를
가족에게 소개해보아요!

나는 바로바로
이 초콜릿!
공룡이
들어 있거든.

난
구슬 음료수

나는 초코파이!
먹으면
마음이 편해져.

난
블랙 샌드!
싸고 맛있어서
뱃살로
쌓인다고.

제조사나 가격대를
한정해 보는 것도
재미있어요 ☺

41

오늘은 내가 디자이너

① 제비뽑기로 누가 누구의 코디를 담당할지 정한다.

② 모델이 입을 옷을 대신 정한다.

아빠의 선택

여동생의 선택

어이쿠!

본인의 선택

아들의 선택

와우~ 오늘은 다들 달라 보이네!

③ 코디해 준 옷을 입고 외출~

헤어스타일 뽐내는 날

각자 마음에 드는 독특한 헤어스타일을 하고 하루를 지냅니다.

MISSION 26
우리 집 헬스장

집에 있는 물건들을 이용하여
집을 헬스장으로 만들어보아요.

보드게임 파티

우리 집에서 최고로 인기 있는 것은
바로바로 **게임** 입니다!

가족이 한자리에 둘러앉아
게임을 한다는 것은 무척 즐거운 일~

아이들이 좋아해서
3종류나 구비해 놓았지요.

우와~ 돈
많다!

으이구

25만 달러 내고
화성으로 이주

내
순서네.

루미큐브

머리를 쓰는
숫자 맞추기 게임

우노

아이들이
규칙을 배우기 쉽고,
무엇보다 재있다!

오셀로

이것도 기본 게임이죠.

배틀 라인

숫자가 큰 쪽이 이긴다.

46

대형 퍼즐 완성하기

대형 직소 퍼즐을
다 함께 완성하는 어마어마한 미션!

샘플을 보면서
블록별로
조립하면 쉬워요.

이건 어디지?

이런 모양이야.

그쪽
가장자리가
아닐까?

바닥에 큰 종이를 깔아두면
이동하거나 정리할 때 편해요.

다 완성했으면
액자에 넣어서
걸어보자!

기억에 남는
일이 되겠는걸.

MISSION 29
방 뒤집어엎기

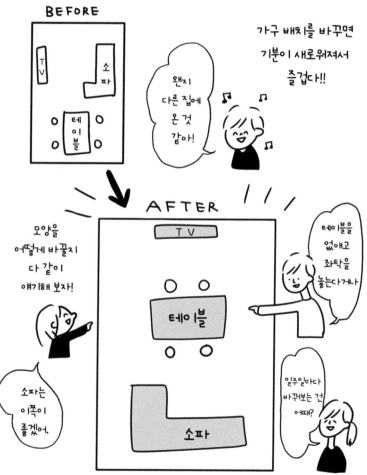

MISSION 30
내 손으로 직접 DIY

필요한 물건은 직접 만든다, DIY 데이~

오늘은 식탁을 만들어보겠습니다!

엄마, 나 잘하지!?

원하는 용도와 크기의 재료를 구입하여 표면을 갈고 닦아 색을 입혀 니스로 마무리!

테이블 다리는 인터넷에서 구입

나사는 내가 끼울래.

조금 어렵긴 했지만 굉장히 재밌었어.

앗, 얼룩이다!

너무 진해! 너무 연해!

니스가 모자라는데!

까칠까칠

31

바비큐 파티

소시지를 굽는 것만으로도
즐거움이 가득한 바비큐 타임~

여기 바싹
익은 부분이
맛있어!

소시지

일회용 그릴 하나면
간편하고 맛있는
바비큐 완성!

꼬치에 꽂아서
구우면 재밌다.

디저트는
구운 마시멜로!
망에 붙지 않도록
주의하세요.

지지직

주먹밥까지 준비하면
배가 든든~

마시멜로

또
만들자.

비스킷 사이에 마시멜로를 끼워서
구우면 더 맛있어!

훈제 요리 만들기

집에서
훈제 요리를
만들어보자!

뚜껑

모든 재료를 불에 올린 뒤 칩에서 연기가 나오면 불을 줄여서 10분

짭조름하게
간이 밴 달걀
소시지,
어묵 등의 재료

망

훈연칩은
저렴이 숍에 가면
살 수 있어요.

알루미늄 호일

레인지

흠~
굉장한
맛이겠군.

나는
어묵!

피망이랑
만두!

또
어떤 재료를
훈제해
볼까?

어플로 재미있는 표정 만들기

스마트폰 어플을 이용해서
재미있는 사진을 찍어보아요!

눈을 반짝이게 만들어보기도 하고...

얼굴을
바꾸거나...

야비뚱한 사진이 얼굴로 만들어보기도 하고...

요상한 필터를
써본다거나...

아하하하하하

아,
재있어!

다양한 필터로 시도하면
더 재있어요!

우리 가족 교환일기

가족 일기장을 만들어 다 같이 돌려가며 써보아요!

아이가 아직 글씨를 쓰지 못하는 경우에는
그림을 그려도 좋아요.

퇴근이 늦는 아빠와도
일기를 통해 대화할 수 있답니다.

오늘은 내가 화가

저렴이 숍에서 파는
무지 공책을 추천합니다.

엄마,
꿀꿀이 그려주세요.

악마의 재능 발견

두죽박죽
짜잔~

빙글빙글

엄마
꿀꿀이

개성 가득한
그림책이
완성되었습니다!

방구석 미술관

아이들이 그린 그림을 벽에 붙이면
집이 미술관으로 변신한다!

작가 이름과 작품명을 함께
전시하면 더욱 좋아요!

이것도
붙여주세요!

이거
내가
그렸어.

저희 집에서는
계단을 전시장으로
활용했습니다 ☺

작품을 설명하는 모습을
동영상으로 남겨요.

55

곡곡 숨겨 놓은 보물찾기

간단 보물찾기

나 같은 아이에게
추천해요!

번호를 쓴 종이를
방 곳곳에 숨겨 놓고
찾아보자!

가장 많이 찾은 사람이
다음번에 보물을
숨길 수 있습니다 ☺

미션 수행 중

① 처음에 찾을 장소

화장실로
가세요!

② 힌트에 의지해서
다음 장소에서
미션을 쓴 종이를
찾는다.

렌지 안을
보세요!

③ 반복한다...

싱크대
앤위

④ 마지막 장소에 보물이!

와~
과자다!

큰
아이에게
추천해요!

56

훌라훌라 하와이

꽃 목걸이

하와이 사진

집에서 즐기는
훌라훌라 하와이~

꽃을 꽂을래.

그럼 난 춤을 춰야지~
훌라훌라~

팬케이크

로코모코

셰이브 아이스

난 우쿨렐레를
연주할 거야.

하와이언 뮤직
BGM

햄버거 가게 놀이

오늘은 우리 집이 햄버거 가게로 변신합니다!

메뉴판을 만들어 주문을 받는다.

난 감자튀김이랑 피클

나는 불고기버거

스위트홈 버거

오늘의 버거　　4000
불고기버거　　4500
더블패티버거　5000

사이드 메뉴
감자튀김　　2500
수프　　　　3000
피클　　　　500

음료
물　　　　　1000
주스　　　　2000
티슈　　　　3500

우와~ 정말 햄버거 가게에서 파는 것 같아요!

마트에서 구입한 버거용 빵

토마토

치즈

소고기 패티

아보카도

양상추

냉동 감자

피클

59

유튜브 선생님과 운동하기

유튜브에서 운동 관련 동영상을 찾아서 다 함께 따라해보아요!

MISSION 42

우리 가족 체력 테스트

윗몸 일으키기

엄마, 힘내!

우
리
집
체
력
왕
은
누
구
?

앉아서 윗몸 앞으로 굽히기

우리 딸 유연하네.

아빠는 못해~

한 발로 서기

아차차차

제자리 멀리뛰기

엄마 잘하지?

50미터 달리기

나 빠르지?

공 던지기

아빠, 짱!

아들 것

딸 것

엄마 것

과거로 점프, 타임슬립

갓 태어난 막내, 그리고 둘째가 2살이었을 때

옛날에 찍은 사진을 펴서
똑같이 재현해보았다!

표정까지 똑같이 맞춘다면
더 재밌어요!

우리 딸,
좀 더
가까이 와봐.

어느덧 4살이 된 막내와 6살이 된 둘째!!

10년 뒤에 두 아이와 같은 공간에서
같은 자세를 취할 수 있을까요? ☺

추억 가득, 타임캡슐

중고 장터로 오세요

더 이상 사용하지 않는 물건을
다른 가족과 교환해보아요!

자동차가 반짝반짝

우리 집 차는 우리 손으로
깨끗하게 닦아요!

더러워지거나
젖어도
괜찮은 옷을
입어요.

우와!
반짝반짝
해졌다!

어때?
무지개 같지?

우리가 하려던 것은 세차였건만...

받아랏!

결국에는 물놀이가
되고 말았습니다.

꺄~

MISSION 47

주사위 던지기 놀이

큰 주사위를 만들어서
말이 되어 놀아보아요!

도화지에 좋아하는
미션을 써서
거실에 늘어놓는다.

그럼
시작한다.

하나 둘 셋

저렴이 숍에서
구입한 주사위

미끄러지면 안 되니까
천천히 걸어야지!

모두가
목표점에 도달하면
미션을 재배치하여
새롭게 즐겨요!

거대한 골판지 놀이

큰 골판지를 자르고 붙이고
칠해서 만들어보아요!

기저귀처럼
큰 물건을 담을
크고 튼튼한 박스를 추천합니다.

짜잔~
나
여기 있어!

구멍을 뚫어
싱크대를 만들고,
색을 입혀 가스레인지를 만든다.

정원 담벼락은
딸의 낙서로 가득

커터칼은
위험하므로
주의해야 해요.

내가
만든
비행기야.

MISSION 49

패밀리룩 입는 날

① 패드나 태블릿을 이용해
그림을 그린다.

② 맞춤 제작 서비스를 이용하여
똑같은 옷을 준비한다.

스테고
사우르스에요.

엄마

아빠

③ 세상에
단 하나뿐인
디자인 완성!!

잊지 못할
추억이에요!

아들

딸

막내

아직 아기니까
턱받이

내가 만든 그림 카드

① 흰 종이를 잘라 숫자 또는 글씨를 쓴다.

② 종이에 쓴 숫자나 글씨와 관련된 그림을 아이에게 그리거나 쓰게 한다.

③ 아이가 그린 그림이나 글씨를 가지고 논다.

> 엄마,
> 이건 토끼야.

> 응,
> 알았어.

④ 카드를 다 완성했으면 다같이 즐긴다!!

> 응!

> 토끼가
> 웃네.

↳ 자기가 그렸기 때문에 글씨를 몰라도 즐길 수 있답니다!

요리 대결

가족끼리 팀을 나누어 요리 대결을 펼쳐보아요.

레스토랑에 오신 걸
환영합니다

오늘은 우리 집이
고급 레스토랑으로
변신합니다.

주방 조명을 조금 어둡게 하고
촛불까지 켜면 더욱 고급스러워요.

재즈나 클래식 등의
BGM도 추가

테이블 세팅을 하여
아이들에게
테이블 매너를
가르치는 것도 좋아요.

정장을 차려입으면
좀 더 고급스러운 느낌이 들어요.

추억 소환하기

스마트폰에 저장한 사진은
혼자만 보는 경우가 많은데요.
가끔은 TV로 연결해서 다같이
추억에 빠져보는 건 어떨까요?

투투~

제제!!

전용케이블과 블루투스로
TV에 연결하자.

엄마가 양말로
저 원숭이인형
만들었던 거
기억해?

어, 둘째가
태어났을 때의
너야.

저
꼬맹이가
나라고?

저때가 그립다~

아니,
기억
안 나!

이렇게 해보면
새삼 아이들이 부쩍
컸다는 걸 실감해요.

MISSION 54

가족 신문 만들기

정기적으로 가족 신문을 만들어 가족 소식을 공유해요!

나 여기에 차를 그릴게.

가족 신문 2월호

최근의 일을 사진과 함께 싣거나...

─ 최신 뉴스 ─
오늘은 절기상 소서(小暑)입니다. 소서는 '작은 더위'라는 뜻으로, 이때부터 본격적인 더위가 시작됩니다.

네 컷짜리 만화를 싣기도 하며...

각자 하고 싶은 말을 쓰거나

아빠 나 불고기 먹고 싶어
엄마 좋려
아들 이제 곧 유치원 졸업해요
딸 다 좋아요
아기 쭈쭈 맛있어

그림 그리기 코너

아이에게 일러스트를 그리게 한다거나...

완성된 신문을 할머니댁에 보내면 엄청 기뻐하실 거예요!

할아버지 할머니께

녀석들, 많이 컸구나.

73

슬퍼하지 마요, 위로데이

가족을 위해 애쓰고 노력하는
누군가를 맘껏 위로해주는 날이에요!

우리 집 아르바이트

직원 모집
엄청 좋은 직장입니다

업무 / 목욕탕 청소
급여 / 회당 3,000원
시간 / 밤 또는 목욕물을 채우기 전
근무지 / 목욕탕

엄마

요리 도우미
식사 준비를 돕습니다

급여 / 일 2,000원
시간 / 저녁 식사 전
혼자서 만들 경우
보너스 지급!

엄마

구인광고를 만들어
가족 중에
아르바이트생을 뽑아
도움 받고 싶은 일에
투입해보자!

함께 놀아줄 사람에게
내가 아주 좋아하는
껴안기를 해줄게요
딸

안마해줄 사람
모집합니다

아빠의 어깨를 안마해주세요
일당은 회당 2,000원
또는 더 줄 수 있음

아빠

나는
목욕탕 청소를
해서 번 돈으로
장난감을
살 거야!

나는 비싼 거,
비싼 거 할래.

누워서 별 보기

이불 속에서 다같이
별을 보며 이런저런 이야기를 나눠보아요!

- 최근 가장 재미있었던 일
- 가족 한 사람, 한 사람의 장점
- 돌아오는 주말에 하고 싶은 일

가정용
천체 투영기

소형 전구에
구멍을 뚫은 덮개를 씌우면
분위기가 더 좋아진다.

다음엔
우리
캠핑 가요.

그래

너무
멋있어.

왠지
야외에
있는 것
같네.

76

세상 하나뿐인 수업

내가 잘 아는 분야에 대해 가족에게 수업을 해보아요!

좋아하는 것을 가족과 공유하면 함께 즐길 수 있어요!

수업 제목
- 게임에 관해서
  아들
- 놀이공원 추천 놀이기구
  엄마
- 나무 이야기
  딸
- 장난감 사용법
  아빠

이 게임 캐릭터는 위에서 밟으면 쓰러뜨릴 수 있어요.

그럼 최종 보스는 어떻게 넘어뜨려요?

학생은 선생님에게 여러 가지 질문을 할 수 있다.

선생님, 밟았는데 쓰러지지 않을 수도 있나요?

엄마는 오늘 내 거!

아이의 생일 등 특별한 날에
엄마나 아빠를 독차지하여
하루를 신나게 즐겨보아요!

아빠랑 집에서
하루 종일 게임을 하고 싶어!
by 아들

부모와 아이 단 둘이 외출한다는 건
특별한 일입니다 ☺

엄마랑 온천에 가고 싶어!
by 딸

집 근처 목욕탕에
갔습니다.

MISSION
60
밤샘데이

내일은
주말이니까
오늘은
늦게 자는 거
허락할게!

우와~ 신난다!

일 년에 몇 번 오지 않는 특별한 기회

좋아하는 놀이를 맘껏 즐긴다.

프로젝터 빔으로
영화를 보거나

마음만 앞설 뿐 생각보다 늦게까지 버티지 못한답니다 ☺

79

PART 2

집 밖에서
즐겨요

목적지 없는 나들이

도시락을 싸서
특별한 목적지 없이 일단 출발~

이것만으로도 즐거워요.

저기
가자!

준비물
●━━━━━●
도시락
물통
수건
돗자리

저기 공원이다!

경치 좋은 곳에서
도시락 먹기

구글 지도로 도시 탐험하기

구글 지도를 펴서 집 근처를 둘러본 뒤 궁금한 곳으로 출발~

실제로 가보니

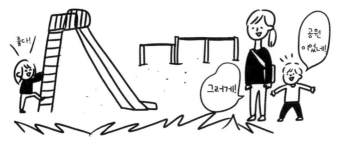

MISSION 63

자연을 친구 삼아 그림 그리기

공원에 가서 사생대회를 열어보아요!

캔버스와 이젤을 준비하고,
베레모까지 쓰면 더 근사할 거야!

색연필도 좋고 물감도 좋고
각자 좋아하는 도구로
그리면 된다!

흥, 생각보다 어렵네.

물감이 든 물을
자연에 그대로
버리지 않아요!

목적지 뽑기

① 종이를 준비하여 목적지를 적는다.

② 목적지를 쓴 종이를 상자에 넣는다.

③ 뽑은 종이에 써 있는 장소로 다 함께 출발~

오늘은 강에서 노는 날

나뭇잎을 물에 올려 누구의 나뭇잎이 빠른지를 경쟁한다.

짜잔~ 내가 더 빠르지롱!

강에서는 물놀이를 비롯해 다양한 놀이를 즐길 수 있어요!

작은 배를 만들어 놀아도 재있어요!

끝을 접은 다음 세 개로 갈라서 → 양쪽 끝의 두 개를 한 쪽으로 끼워 놓고 반대쪽도 마찬가지로 한다. → 완성!

흙과 돌을 쌓아 댐을 만든다.

※ 놀이가 끝난 뒤에는 원래대로 돌려놓아요.

물수제비뜨기 대회!

납작한 돌을 회전시켜 던지는 것이 요령

퐁당

핑 핑 핑

86

바닷가에서 보물찾기

조가비

산호

어떤 것을 찾을 수 있을까?

물 위에 떠서 흘러가는 나무

씨글라스

조가비가 엄청 많아!

돌이다!

게나 새우 같은 생물을 발견할지도 몰라요.

바다가 준 선물을 가지고 논 뒤에는 자연에 그대로 돌려놓고 와야 합니다.

우리 동네 여행

우리 동네에서 가장 유명한 장소를 즐겨보아요~

우리 동네나 지역에 있는
관광지나 유적지를 방문한다.

올바른 참배 방법을 가르쳐주거나

맛있네!

지금까지 가본 적 없는
고급 음식점에서 저녁 먹기

지역 내 역사박물관 즐기는
만들기 체험

염색이나 구슬 만들기 체험도
재미있어요.

이게 유명하지!

지역에 있는 커다란 호텔에서
하룻밤을 보내는 것도 큰 재미

도자기 체험

뭐가 좋을까~

뱅글뱅글~

내 밥그릇은
내가 직접 만든다.

내가 만든 밥그릇에
밥을 먹으면 더욱 맛있어요.

저희 가족은 몇 년째
각자의 밥그릇을
만들고 있습니다.

아빠 작품

밥

엄마 작품

딸 작품

아들 작품

네잎클로버 찾기

공원에서 네잎클로버를 찾아보아요!

별명 : 토끼풀

네잎클로버는
사람이 많이 다니는 곳에서
쉽게 발견할 수 있어요.

앗, 내 거는
잎이 다섯 개야!

어디
있을까~

우와~
여기
엄청 많아.

봄에 피는 토끼풀 꽃으로
화관을 만들어요!

이렇게

반복해서

마지막에 고리를 만들면
완성!

엄마는
화관을
만들었다.

드라이플라워 만들기

마음에 드는 풀이나 꽃을 잘 말려서
드라이플라워를 만들어보아요!

예쁘다.

여기 있다.

다른 집에서 가꾸고 있는
정원의 화초는
절대 뽑지 않아요!

꽃 또는 풀을 티슈에 끼운 뒤

도감이나 사전 같은
약간 무거운 책에 넣어놓는다.

그렇게 며칠간
놓아두면

→ 드라이플라워 완성!

완성된 드라이플라워는...

필름을 붙여 책갈피로 이용하거나

액자에 넣어 장식품으로 즐기거나

할머니,
건강히 지내고
계세요?

누군가에게 보내는 편지에 붙여도 좋다.

중고 매장에서 보물찾기

놀라움으로 가득한 중고 매장에서 보물을 찾아보아요!

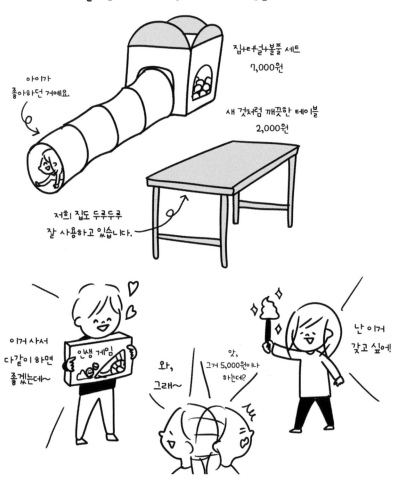

점+퍼즐+볼풀 세트
7,000원

아이가
좋아하던 거예요.

새 것처럼 깨끗한 테이블
2,000원

저희 집도 두루두루
잘 사용하고 있습니다.

이거 사서
다같이하면
좋겠는데~

인생 게임

와,
그래~

앗,
그거 5,000원이나
하는데?

난 이거
갖고 싶어!

MISSION 12

5,000원으로 쇼핑하기

나는 이게!

마니 변신 로봇

█████ X 10

4,500원

좋은데?

예산을 초과하지 않은 이상 아이가
어떤 물건을 가지고 와도 부정하지 않기

5,000원으로
갖고 싶은 물건을
마음껏 사봐요!

스스로 생각하고
고민하며 사는
과정 자체가
좋은 경험입니다.

종이접기 1,000원

종이접기

비눗방울 놀이
1,000원

줄넘기 1,000원

색칠하기

이건
오빠 줄게~

로봇 색칠하기
1,000원

나는
이게!

13

반딧불이 보러 GO GO!

반딧불이가 선물하는
자연의 신기함을 즐겨보아요.

등에 앉았네.

여깄다!

- 6월 초순에서 중순경(지역에 따라 차이 있음)
- 깨끗한 물이 졸졸 흐르는 곳
- 밤 8시에서 10시 사이
- 특히 비가 내린 다음날엔 더 많이 볼 수 있다.

발
조심해!

장수풍뎅이 채집

해질녘부터 밤 사이
또는 새벽녘에 볼 수 있어요.

상수리나무나
졸참나무에서
흔히 볼 수 있다.

채집망

가능하면
긴 소매 티셔츠와
바지를 추천합니다.

전등

수액이 나오는 곳을
찾아보자!

채집통

여깄다!

아이스크림 맛 비교하기

고속도로 휴게소에서 아이스크림을 먹으며 맛을 비교해보아요.

과일 따기

계절별로 다양한 과일이 나온답니다.

12월~5월	딸기 🍓
6월~8월	멜론, 블루베리 🍈
6월~10월	포도 🍇
8월~11월	배
9월~1월	귤

오늘은 과수원에서
과일을 따고
마음껏 먹어 보는 날~

우와~
가득 땄네.

평소에 먹던 과일이
어떻게 수확되는지를 보는 것도 즐거워요.

마음 가는 대로 떠나는 여행

행선지를 정하지 않고 떠나는 즉흥 여행

> 오늘은 이 길을 쭉 가보자!

마음에 드는 곳이 나오면 쉬고

> 채소 직거래 매장이다.

> 우와, 엄청 큰 문방구다.

지금까지 몰랐던 장소나 가게를 발견하는 기쁨

> 와~ 저기 바다가 보여!

> 기분이 좋아지네.

마음 가는 대로 떠나온 여행이지만 기억엔 더 오래 남는답니다 ☺

기차에서 도시락 먹기

열차를 타고 풍경을 즐기면서 도시락을 먹는 것만으로도 설렌다 ☺

음~
냄새 좋은데~

열차에서도
밥을 먹을 수 있구나.

우와~

고속열차도 좋지만
다음엔 천천히 가는 열차를
타보고 싶어.

요즘은 매우 다양한 종류의 도시락이 판매되고 있는 만큼
집에서 도시락을 먹으며 여행 기분을 만끽하는 것도 좋아요.

반려동물과 놀아주기

동물에게 먹이를 준다거나

동물원이나 공원에 가서
동물을 안아주거나

먹이를
먹여주요

무서워...

따뜻해.

말에 올라타 보기도 하고

우와~
재있다.

저희 집에는 반려동물이 없어서인지
동물과 함께하는 날에는
아이들이 무척 좋아합니다. ☺

100

낚시 여행

고기를 잡아도 잡지 못해도 기다리는 것 자체가 추억!

MISSION 81

심야 여행

☆ 한밤중에 출발하는 여행은 어째서 더 설레는 걸까?

- 새벽이라 도로가 한산하다.
- 조금 피곤하긴 해도 하루를 알차게 즐길 수 있다.
- 운전은 바꿔가면서 해요.

아침밥은 휴게소에서 ☺

샌드위치나 과자 같은
야식도 준비

쿠션이랑 얇은 이불을
준비해서 더 편하게

우리만의 행복한 시간

세차장 기계 속에 우리 가족만 있는 특별한 시간을 즐겨보아요!

원반 놀이

원반 하나만 있으면
다양한 놀이를 즐길 수 있어요.

찍찍이는 원반

공이 붙는 찍찍이 원반을 활용해도 재밌어요.

맞았다!

맞아도
아프지 않게
말랑한 걸로

주고받으며 놀기

원반을 던져 주고 받는다.
기본 놀이법

누가 더 멀리 날리나 게임

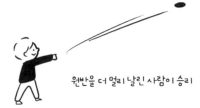

원반을 더 멀리 날린 사람이 승리

과녁 맞히기

맞힐
거야

과녁을 목표로 던져서 정확도를 겨룬다.

풀 위에서 수면

풀밭 위에 편한 자세로 누워 짧은 잠을 청해보아요!
무엇이 보이고 무엇을 느낄 수 있을까?

과거로의 추억 여행

엄마 아빠의 추억이 깃들어 있는 장소에 가보아요!

데이트할 때 갔던 곳

엄마가 아빠에게 고백했던 장소

행복했던 신혼여행의 추억

당시와 비슷한 상황으로 사진을 찍으면 더 재밌어요 ☺

다같이 기념 촬영 할까?

낭만적이다~

헤

여기서 엄마가 아빠한테 프로포즈를 받았단다.

전문가에게 가족 사진 찍기

전문가가 찍어준 사진은 역시나 멋집니다.
가끔은 전문가에게
촬영을 의뢰하는 것도 좋아요.

자, 찍습니다.
스마일~

가족이 늘어날수록,
아이들이 커갈수록
다 같이 사진을 찍을 기회가
많지 않으니까요.

고
양
이

고양이~!

아이들을 웃게
하는 데도 프로!

모두 웃는 얼굴!

일 년에 한 번 정도는
이렇게 가족사진을 찍어
모두의 추억으로
남기는 것도 좋아요!

비 오는 날 산책하기

집에 누워 있고 싶은 궂은 날,
하지만 밖에서 비를 즐기는 것도
특별한 추억이에요.

쏴-쏴-

후두둑

부슬부슬

톡톡

귀를 기울여
빗소리를 들어보자.

달팽이나 개구리를
발견할 수 있을까?

오늘은 아무리
젖어도 걱정 안 해!

물웅덩이에서
마음껏 뛰어도 되는 날

페리 여행

와우, 페리 여행이라니!

페리 여행의 장점은,
차를 가져갈 수 있다.

자는 동안 목적지에 도착한다.

하지만 그중에서도 가장 좋은 점은

배 위에서 묵는 설렘에 있지요 ☺

캠핑카 여행

캠핑카 여행을
떠나는 것만으로도 낭만이에요~

엄청 좋아요!

캠핑카를 빌려서
여기저기 다니며
일주일 정도
여행하고 싶어요.

대여 서비스가 잘돼 있으니
언젠가 꼭 도전해볼 거예요.

1일 승차권으로 여행하기

전철이나 버스의 1일 승차권을 구매하여
자유롭게 이동하며 여행을 즐겨보아요!

관광지 할인권이나
특가로 나온 상품을
잘 활용하면 더 좋아요.

1일 승차권
1일권을 끊으면 하루 종일
다양한 곳을 여행할 수 있다.

청춘 티켓
대학생을 위한 할인권을
이용하면 더 저렴한
가격에 여행을 즐길 수 있다.

OO페이
지역 화폐를 충전하면
지자체 내 식당이나
카페에서 할인 혜택을
받을 수 있다.

OO패스
여행 패스를 구입하면
그 지역의 관광 명소를
할인된 가격으로 즐길 수 있다.

종점까지 가보기

가까운 역에서 전철을 타고 종점까지 가보아요!
뜻밖의 장소가 나타날지도 몰라요.

공장 견학

공장 견학은 비용이
거의 들지 않는 데다
여러 가지를 배울 수 있어
더 좋아요!

지금까지 간 곳

요구르트 공장
요거트

과자 공장
감자 과자
고구마 과자

라면 공장
카레 라면

음료수 공장
사이다

생선 가공 공장
명란

와~
이렇게 만들어지는구나!

예약이 필요한 경우도 있으므로
홈페이지를 통해 미리 확인해야 안심!

선물도 주네.

공연 관람하기

음악, 연극, 뮤지컬 등
직접 관람이 주는
감동과 생생함을
아이들에게 선물해요!

시작은
살고 있는 동네나
지역에서 진행하는
어린이 음악회나
공연이 좋아요.

언젠가 내가 좋아하는
가수의 콘서트에도 가보고 싶어.

시장에서 아침 식사하기

새벽에 일어나
수산시장이나 농산물 시장에 가서
아침 식사를 해보아요!

꽁치라고 하는
생선이야.

엄마,
이거
뭐야?

시장에 따라
여는 시간이 다르니
확실히 알아보고 출발해요.

의외의 장소에서 다 같이 아침 식사를 하며
시작하는 하루는 더욱 의미 있지요 ♬

일찍
일어난
보람이
있군!

맛있다.

라면 →

← 초밥

덮밥 ↖

상점가 구경하기

가게들이 쭉 들어선
거리를 걸으며
느긋하게 쇼핑을 해보아요.

새로운 만남은 물론
재미있는 것을 맘껏 구경할 수 있어요.
돌아다니며 길거리 음식을 먹는 건
또 다른 재미⎬

불꽃놀이 해보기

99가지 미션 성공!

PART 3

도전!
무피네 가족도
해보았다

치킨너겟

소시지

토마토

계란말이

후리가케
뿌린밥

다음 날 아침,
조금 일찍 일어나 아이들이 자는 틈을 타 도시락을 만든다.

대부분 익혀서 넣기만 하면 되는
간단한 재료

나는 유치원 가방에
도시락 넣을게.

나는 가방에다가
연필이랑 종이
넣을 거야.

평소보다 빨리 일어나
스스로 짐을 싸는 아이들

하하하

9시
다함께 라디오를 들으며
체조 시작

9시 10분
다 함께 공부하는 시간

내 이름이야.

어려워.

10시 가족 게임
가족이 좋아하는 게임을 하며
맘껏 웃는다.

나는 ○○~

나는
○○ 겟!

엄마는
엄마 고향인 여기!!

11시 자유 시간
각자 마음대로 노는 시간

더 기다릴 수 없어서
일정을 앞당겨
피크닉을 하기로 결정

난
배고파.

나 피크닉
빨리 하고 싶어.

베란다에 시트나 돗자리를 깔고
테이블을 편다.

와~
계란말이다.

소풍
온 거 같아.

잘
먹겠습니다.

응, 아주 재밌어!!

어때?
재밌어?

특별히
파라솔도
꺼냈다.

유치원에 다니는 딸 아이는
도시락에 대한
기대가 컸나 봅니다.

평소에 밥을 남기던 아이도
오늘은 다 먹었다.

내일도
하고 싶어요.

지금부터는
다 함께 그림 그리기

나는
게임 캐릭터를
그릴 거야.

나는
아빠랑
엄마랑 나

모두가 잘 따라주었어요.
오늘 하루가 즐거웠는지
그 후에도 아이들은 또
피크닉을 하자며
자주 졸라댔다 😊

그래~

다음에
또
하고 싶어

오늘
재미있었어.

지출액
집에 있는 것만
사용했기 때문에
지출 제로!

128

요즘은 집에서 간단히 케이크를 만들어
먹을 수 있도록 다양한 종류의 키트 상품을 팔고 있다.
마음에 드는 사이즈와 모양,
맛도 선택 가능하다.

우리 집은 달콤한 것이 먹고 싶을 때 이렇게 키트를 사서 만들어 먹어요 ☺

129

계속
먹습니다.

한 번에
다 먹지는
못하고

5개는
다음날
먹었습니다.

행복한 소비를
한 것 같아

그렇다고 하니
나도 좋은걸~

개별 포장되어 있기
때문에 다음날도
아주 맛있어요 ♡

온라인으로도
구매 가능하니
구매해 보세요.

지출액
케이크 20개에
총 60,000원

봄날의 어느 주말,
아들이 말했다.

우리 집을
호텔처럼
만들고
싶어!

좋아.

어떻게 하면
우리 집을
호텔처럼
만들 수 있을까?

응,
그건...

호텔에 한 번
가 보면
알 수 있지.

맞는 말인데
진짜 가자니 부담이...

133

결국
'우리 집 호텔'
프로젝트를
시작했다.

호텔
이름은?

행복
호텔

이름은
내가 쓸게.

이불을
가지고
와서...

난
계임하고
싶어.

남편은 이불을 옮겨
객실을 만든다.

아이들에게 정리하게 한다.

딩동~

들썩

기대

기대

남편과 아이들은
밖으로 나가서
손님처럼 호텔로 들어온다.

방은 이런 느낌

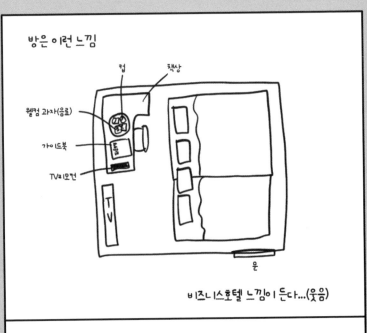

비즈니스호텔 느낌이 든다...(웃음)

기분 최고인 아이들

무료로 대여한 게임으로
분위기는 고조되고

예!

저녁 식사는 셰프가
특별히 준비한 정식

셰프 →

엄청 크네!!!

튀김이다!

후식은
아이스크림

다 함께 목욕을 한 뒤 똑같은 잠옷으로 갈아입고 취침 준비

별 거 아닌 것 같지만

즐거운 추억이 또 하나 생겼습니다.

참고로 왜 150피스를 선택했냐고 물으신다면...

남편
퍼즐에 대한
내성이 가장 높다.

아들 6세
집중력은 있지만
잘 맞추지 못하면
운다.

딸 4세
퍼즐이 어디 있는지
늘 다른 사람에게
물어본다.

나
퍼즐 초보
+ 바로 포기하는
타입

이 멤버들과
500피스 퍼즐을
맞출 자신이
도저히 없었다...

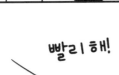

빨리 해!

OOD

150피스
정도면
즐겁게
할 수 있겠지

라고 생각했지만

쉽지
않겠는데...

엇,
150피스인데도
엄청 많네
어렵지 않을까!?

퍼즐이 가득

참고로 남편은 다른 일을 하는 중

141

142

구글 지도로 도시 탐험하기

아이들이 3살, 1살이던 시절
매일 어떻게 놀아줘야 할지 고민이 많았다.

우 리 동 네 여 행

동네 여행이라는 말을 듣고
가장 먼저 떠오른 건
집에서 차로 5분 거리에 있는
온천

○○ 온천
여기서 우회전

늘 이정표만
보았지
가 본 적은 없다.

그래,
여기야!

금요일 밤으로
예약 완료!

집 근처로
숙박을 하러 간다니
설레네.

두근
두근

동네 여행이라
휴가를 내지 않아도
평일에 일과를 마치고
갈 수 있구나.

아이들이 유치원에서
돌아오고
남편이 퇴근함과
동시에 출발!

148

150

방에 돌아오니 쫙~ 깔려 있는 이불

꺄ㅡ!!

신나서 폴짝폴짝 뛰는 아이들

프론트에 가서
대여해주는 게임을 빌려와

기다려봐,
룰을 알려줄게.

어떻게
하는 거야?

게임을 시작한다.

이렇게
재있게 놀았는데
겨우 이시간이라니...
집에서라면 지금쯤
TV를 보고 있겠지.

아
하
하
하

신나는
게임!

이시간이
정말 행복해.

네 개의 이불을
나란히 깔고 취침

오늘 무슨
요일이야?

금요일

나 내일도
여기서
잘 거야

재밌어~

설렘이 가라앉지 않아 쉽게 잠들지 못하는 아이들

다음 날 아침

식사도
귀엽게
나오네!

와,
반찬이
엄청 많아.

집 근처에서 숙박을 하는 게
처음엔 망설여졌지만 해보니
생각 이상으로 즐거웠다.

이동 시간이 짧아 힘들지 않고,
내가 사는 동네의 매력을
발견하는 계기가 되었어요.

다음엔 여기
가고 싶어.

관광 책자를
보는 것도
재밌다.

지출액
어른 2명, 어린이 2명
1박 2일에 있는 저녁과
다음날 아침까지
총 269,220원

153

반 딧 불 이 보 러 GO GO !

157

MISSION
78

기차에서 도시락 먹기

158

PART 4

**도전!
우리 가족도
해보았다**

이네 미션 수행일지

[집에서 즐겨요]

[집 밖에서 즐겨요]

그림을 그려도 좋고,
사진을 붙여도 좋고
일기를 써도 좋아요.
표현하고 싶은 대로 해보아요!

MISSION

MISSION

MISSION

....

MISSION

....

MISSION

....

MISSION

MISSION

....

MISSION

MISSION

....

MISSION

....

MISSION

MISSION

MISSION

....

MISSION

MISSION

....

MISSION

MISSION

MISSION

MISSION

MISSION

....

MISSION

MISSION

MISSION

MISSION

....

MISSION

···

MISSION

MISSION

....

MISSION

MISSION

MISSION

미션을 실천하면서 깨달은 사실이 있는데,
여기에 중요한 몇 가지를 소개하려고 한다.

\ POINT /

1 전날 밤에 무엇을 할지 정해둘 것!

비용이 얼마나 들었는지, 얼마나 멀리 외출했는지는 중요하지
않다. 우리 아이들이 관심 있는 것은 '평소와 조금 다르다'는 느
낌이다. 늘 잠을 자는 방이 아닌 옆방에 가서 자는 것만으로도
아이들에게는 '다른' 느낌이고, 평소와는 다른 장소에서 음식을
먹는 것 또한 아이들에게는 '다른' 느낌이기 때문이다. 이렇게 무
언가를 조금만 달리해도 아이들을 설레게 할 수 있다.

내일을 위해
오늘은 일찍 자자!

② 핵심 키워드는 '평소와 조금 다르게!'

당일에 그날의 일정을 정하는 것도 재밌지만 이왕이면 전날 미리 정해두면 준비할 시간도 생기고, 설렘도 커진다. 아이들에게 내일 일정을 알려주면 기대를 품고 평소보다 빨리 잠들고 아침에도 빨리 일어나 스스로 준비하는 모습을 볼 수 있다. 물론 지나치게 설렌 나머지 늦게까지 잠들지 못하는 경우도 있지만 말이다.

오늘은
어른용 숟가락을
써보고 싶어.

와아

3 즐거웠다면 다음에 또 해볼 것!

재밌는 것은 두 번, 세 번, 아니 더 더 많이 해야 한다. 특히 아이들은 정말로 즐거웠던 일은 시간이 지나도 정확히 기억하며, 그래서 수시로 또 하고(가고) 싶다고 말한다. 우리 둘째는 요즘도 "우리 집 피크닉 하고 싶다"라는 말을 반복 중이다. 평일 오후에 집 근처로 다녀온 온천에도 다시 가자고 자주 조른다. 그만큼 즐거웠다는 의미일 것이다.

4 사진과 동영상으로 남겨야 추억이 된다

아무리 즐겁고 행복했던 추억도 시간이 지나면 서서히 지워지기 마련이다. 그러므로 가능하면 그 순간을 사진이나 동영상으로 남겨둘 것을 권한다. 나중에 사진첩을 둘러보거나 동영상을 돌려보면서 행복했던 시간을 다시 떠올리면 공통의 화제거리가 생긴다. 사진은 인화하여 앨범에 정리해 두면 좋다. 동영상은 폴더를 만들어 컴퓨터에 저장해 두면 안전하다.

추억의 물건을 함께 붙이거나

사진을 살짝 오려도 좋아요.

인화한 사진을 붙인다.

스마트폰에 저장된 사진을 골라서 보내면 포토북으로 만들어주는 업체도 있다!

사진을 업로드하고 코멘트를 넣는 것만으로도

며칠 뒤 배송

포토북 완성!

우리 집은 매년 포토북을 만들고 있다 ☺

가족이라는 이름으로

나의 부모님은 즐거운 일을 생각하고 실행하는 데 관심이 많았다. 어머니는 나와 함께 요리를 하거나 만들기를 하는 데서 행복을 느끼셨다. 그런 어머니 덕분에 집에서 보물찾기를 하고 캠핑을 하는 등 즐거운 어린 시절을 보냈다. 아버지도 마찬가지였다. 휴일이면 반드시 작은 계획이라도 짜서 우리를 차에 태우고는 박물관이나 바다, 동굴 등으로 이끄셨다. "어디 갈지는 비밀!"이라는 말에 나는 언제나 궁금함과 설렘을 가득 품고 주말이 오기만을 기다렸다.

그것이 얼마나 특별한 일이었는지 내가 부모가 되어 아이들을 키우면서 비로소 깨닫게 되었다. 세 아이와 함께하는 일상 속에서 잊고 있었던 어린 시절의 기억을 떠올리며 나도 내 아이들에게 가족이라는 이름으로 함께할 수 있는 추억과 기억을 만들어줘야겠다고 생각했다.

막내가 태어났을 즈음, '가족의 이름으로 해보고 싶은 33개의 행복 미션'을 블로그에 올리기 시작했다. 그 33개에 다른 미션을 더하고 더하여 완성한 것이 이책이다. 내가 어린 시절에 경험한 추억뿐 아니라 결혼 후에 경험한 일, 그리고 아이들과 함께하며 경험한 것을 이 책에 담았다. 내 아이들이 어른이 되었을 때 오늘을 기억하며 "그때 굉장히 즐거웠지"라고 말해주는 것만큼 기쁜 일은 없을 것이다.

_무피

매일매일 패밀리데이!

초판 1쇄 발행일 2023년 6월 20일

지은이 무피
옮긴이 송소정
펴낸이 유성권

편집장 양선우
기획·책임편집 윤경선 **편집** 신혜진 임용옥
해외저작권 정지현 **홍보** 윤소담 **디자인** 박채원
마케팅 김선우 강성 최성환 박혜민 심예찬
제작 장재균 **물류** 김성훈 강동훈

펴낸곳 ㈜이퍼블릭
출판등록 1970년 7월 28일, 제1-170호
주소 서울시 양천구 목동서로 211 범문빌딩 (07995)
대표전화 02-2653-5131 **팩스** 02-2653-2455
메일 loginbook@epublic.co.kr
포스트 post.naver.com/epubliclogin
홈페이지 www.loginbook.com
인스타그램 @book_login

로그인 은 ㈜이퍼블릭의 어학·자녀교육·실용 브랜드입니다.